Crescer Algas para Take Profit:

Como Construir uma Cultura de Algas Fotobioreactor para Proteínas, Lipídios, Carboidratos, Antioxidantes, Biocombustíveis e Biodiesel

Por Christopher Kinkaid

Tradução

pelo Dr. Lisandro C. Hernandez Vazquez

 Solardyne.com

Published by Solardyne, LLC
Portland, Oregon

ISBN-13: 978-1500591663
ISBN-10: 1500591661

Índice

Prefacio

As algas são um milagre da natureza. Rico em aminoácidos, proteínas, lipídios, carboidratos, antioxidantes, ficobiliproteínas e outros produtos de alto valor, loas algas tornaram-se uma nova reservas de alimentos em todos os setores.

Este livro descreve como construir o seu próprio Fotobiorreactor para o cultivo de espécies de algas puros (taxa).

As algas são "motores" da Terra em combustão na cadeia alimentar. Como um "produtor primário" responsável por cerca de metade do oxigênio produzido na Terra, o potencial das algas está sendo comercializado para a produção de produtos orgânicos de valor. Construa o seu próprio kit de crescer Fotobiorreactor (FBR) para cultivar variedades de algas valor e valorizar a indústria em rápido crescimento de algas.

Cultivo de algas marinhas é confiável e repetível Kit Fotobiorreactor Algas Cultivo para a fotossíntese controlada. Crescido Quatro grupos de algas diferentes utilizando 4 navios crescer kits nominal de 80 litros de capacidade total de algas.

Complete com sistemas ópticos, mecânicos, elétricos, pneumáticos e biológicas, Fotobiorreactores fornecer controle total. Cultivando monoculturas de algas de kit

Fotobiorreactores é muito útil para pesquisadores, desenvolvedores, empresas, universidades, e para todos aqueles que precisam cultivar monoculturas de algas com pureza e custos mínimos de construção.

As algas produzem ácidos aminados valiosos, proteínas, carboidratos e óleos essenciais (lipídios) e consumir nutrientes poluição no dilúvio de água. As espécies de algas, cultivadas em seu kit FBR crescimento, permitir que os investigadores sentir a enorme produtividade de algas, capaz de dobrar sua massa em 24 horas sob uma fase de crescimento exponencial. Algas pesquisadores estão trabalhando para desenvolver protocolos para o aumento da produção.

O crescimento de algas transforma a água, compostos inorgânicos (CO_2), e a luz solar em moléculas orgânicas valiosos. Este livro foi escrito como um recurso para a construção de seu próprio Fotobiorreactor para as estirpes valiosos de crescimento de algas.

E, para os pesquisadores, este livro é escrito como um recurso para construir uma caixa biorreator, avaliado em 80 litros, para o crescimento das monoculturas de algas. Isolado poluição, estes Fotobiorreactores oferecer o controle total de pesquisador em todas as entradas e as condições termodinâmicas, para desenvolver uma cepa específica de algas monocultura.

Algas cultivadas para o lucro, utilizando Fotobiorreactores para produzir quantidades úteis de espécies puras (taxa). Cultivar Algas Biomassa para seus experimentos, ou vender, Fotobiorreactor com este fácil de construir.

Sobre o livro

Este Book é escrito como um recurso para a construção de seu próprio Fotobiorreactor (FBR) para o crescimento de algas e crescente.

Seu Fotobiorreactor pode ser construído com material de laboratório pronto e disponível nas lojas para Fabricação de cerveja, e outros fornecedores. Use vidro Containers, tubos de ensaios não-tóxicos e outros elementos essenciais disponíveis em lojas de equipamentos local, para construir o seu FBR.

Capítulo Um discute o panorama da agricultura algas. Espécies aquáticas tem necessidades específicas. As algas são muito fortes, mas muito delicado em suas condições preferenciais. O cultivador pode usar Algas Fotobiorreactores (FBR) para controlar o ambiente de crescimento.

Capítulo Dois olhares, em diferentes espécies de algas de interesse quanto potencial de valor substancial para a indústria de cosméticos, alimentos para peixes e nutrição animal, antioxidantes e biocombustíveis. Inclui uma lista de espécies a serem consideradas.

Capítulo Três descreve equipar o seu Fotobiorreactor (FBR) e uma lista de componentes. A FBR contém elementos de iluminação, estrutura mecânica, uma bomba de ar com sistema de filtro, com curvas de Pastagens, para evitar qualquer contaminação. O kit utiliza FBR Vidro e tubulação plástica produto comestível 100% para a introdução de ar para dentro dos recipientes para o crescimento.

Capítulo Quatro cobre algas Optics. Sendo uma alga "Fotobiorreactor" precisam de condições ópticas específicas para o crescimento ideal. Neste capítulo são discutidos Quatro vários "gatilhos" que estimulam louvor e requisitos taxas de crescimento de algas e seus produtos, a partir da perspectiva da óptica.

Capítulo Cinco apresenta uma discussão sobre as necessidades nutricionais das algas. Como espécies aquáticas, algas e diatomáceas são altamente sensíveis aos elementos dissolvidos na água, ou a falta dela. Os protocolos de crescimento de algas permitir ao pesquisador construir um específico "perfil de crescimento" para cultivar uma espécie selecionados (grupo taxonômico), e controlar os metabólitos produzidos pelas algas.

Capítulo Seis é direcionado para a reserva de algas biocombustíveis. Acumulação de petróleo posando As algas são muito desejado. Influência sobre o ciclo de crescimento das algas para biocombustíveis ou de armazenamento de biodiesel, permitindo aos pesquisadores desenvolver protocolos para maximizar a produção de lipídios.

Capítulo Sete examina as técnicas básicas para a medição das taxas de crescimento e produção de biomassa de algas cultura líquido. As algas na etapa de cultura, passam por cinco etapas essenciais. Climatização Ponto de Compensação, Exponencial fase de crescimento. Saturação e colapso. A manipulação de algas em cada ponto de sua curva de crescimento clássica, dá aos pesquisadores a capacidade de usar o que "gatilhos" reação à saída ou resultado desejado.

Capítulo Oito analisa as respostas mais frequentes sobre Fotobiorreactores, a sua construção e operação. Resumidamente, a mistura, a amostragem, medição e cultivo e crescimento de algas.

Capítulo Nove é um guia de início rápido para a construção de sua Fotobiorreactor. Passos de montagem sua estrutura mecânica, destinatários de crescimento, bomba de ar, filtro e sistemas de iluminação.

Sobre o autor

Christopher Kinkaid

Christopher (Toby) Kinkaid, original de Portland, Oregon, é o fundador da **Solardyne.com**, **SolarQuote.com** e **AlgaeToday.com**, e tem trabalhado em tecnologias de energia limpa por mais de três décadas.

Kinkaid é o nventor i de Eixo Vertical Wind Generator "Helyx" concentrador solar módulo fotovoltaico "Borboleta Non-imaging" (funcionamento contínuo no Sandia National Laboratory, desde 1994), a lente óptica concentrador solar Demultiplexer (Dr. James / Sandia National Laboratory, 1991), e é o inventor de um pacote original da energia solar "Solar Power Pack" (Mãe Terra News, "Littlest Utility" Junho / Julho de 2001).

Além disso, Kinkaid tem sido um orador oficial e apresentador de tecnologias de energia limpa em vários eventos ao redor do mundo, incluindo

"APEC," Bangkok, Tailândia, 2003, "World Energy Solutions," Tóquio, Japão, 2003, a cia Internacional Conf Biomassa (IBC), 2010, Minneapolis, MN, ea Conferência sobre algas Organização Biomassa (ABO), de 2010, Phoenix, AZ.

Christopher (Toby) Kinkaid apareceu em entrevistas e entrevistas na TV Koin, KGW TV, e "hoje Sustentável" produzido em Oregon, e atuou no conselho de administração da Associação Nacional de hidrogênio EUA, Washington DC, 1.993 japonês Sociedade de Comunicação por Satélite (JCNET), Fukuoka, Japão, 1994-1995, e Algaedyne Corporation, Preston, MN, 2010-2013. Kinkaid atualmente atua como CEO da Solardyne, LLC, em Portland, Oregon.

Kinkaid, tornada básica está atualmente na Costa Oeste, onde continua o seu trabalho como um especialista em desenvolvimento de aplicações e pesquisa de energia solar, eólica e biomassa

Introdução

As algas são uma força natural. Toda a vida na Terra tem vindo a desenvolver desde a sua criação a partir de organismos unicelulares. As algas são a base da cadeia alimentar aquática, e são "motores" de oxigênio, e na base da produtividade de alimentos do nosso planeta. Metade do oxigênio na Terra vem dos microorganismos de algas. O grande interesse da indústria, "algas" é gerado taxas incríveis que convertem química inorgânica em algumas das moléculas orgânicas mais valiosos crescimentos terra.

Este book foi escrito para descrever como uma photobioreactor (FBR) para o cultivo de algas e diatomáceas é construído. O Fotobiorreactor (FBR) descrita neste livro é projetado e construído a partir de recipientes de vidro e outros equipamentos prontos e disponíveis nas lojas e empresas de cerveja fabricação e fornecimento aos laboratórios. Este book inclui uma lista de peças para a construção de seu próprio Fotobiorreactor.

O Fotobiorreactor (FBR) permite aos pesquisadores a crescer todos os tipos de divisões taxonômicas das algas:

Baciariophyta, Chrlorarchiniophyta, Chlorophyta, Criptófitas, Cyanophyta, Dinophyta, Euglenophyta, Glaucophytoa, Haptophyta, Herokontophyta e Rhodophyta.

Cultivo de algas marinhas é o máximo em síndrome do "Golidlocks".

As taxas de crescimento das espécies aquáticas são dadas por uma faixa específica de condições, incluindo pH, temperatura, CO_2 e O_2 dissolvido, macro e micro nutrientes, íons metálicos específicos, vitaminas e fontes de luz com radiação fotossinteticamente ativa (PAR).

A photobioreactor é um ambiente controlado que você cria, para trazer o "ato doce" o crescimento de algas controlar e manipular estas condições.

A FBR descrito aqui é baseado em recipientes de vidro, tubos de qualidade alimentar atóxico, curvas de Pasto para evitar qualquer patógeno de seus navios cultura, bombas de vácuo, e filtros de 5 mícrons, que eliminam qualquer contaminação que vir no ar de admissão.

Este book descreve o equipamento photobioreactor, você pode construir em laboratório, bem como a discussão de Nutrientes, Iluminação, oxigênio, injeção de CO_2, e as técnicas de cultivo.

Cultive algas e diatomáceas a ganhar. As algas estão crescendo mercados mundiais. Espécies específicas (taxa) são muito caros para comprar de fornecedores, muitas vezes milhares de dólares por litro! Construir seu próprio Fotobirreactor, obtém seus próprios meios para crescer monoculturas puros de espécies de algas.

Capítulo Um - O cultivo de Algas
The Big Picture

Algas geralmente são espécies aquáticas. Os motores de crescimento baseiam-se em células simples, que consomem materiais inorgânicos e de moléculas orgânicas produzidas. As algas, através da fotossíntese, converter segmentos de energia solar, minerais, CO_2 e água em um processo de oxigenação incrível - a fotossíntese, o que leva ao crescimento celular e reprodução, e fazendo o possível, como se sabe, vida na Terra.

Algas como um cultivador, você está tentando imitar a natureza, aperfeiçoando-o, por "gatilleo" efeitos diferentes ao longo do ciclo de crescimento de algas, com um controle das mesmas condições termodinâmicas.

Fotossíntese apareceu envolvendo a Terra quando a vida precisava de uma "bateria". A ADM é a proteção frágil e necessário; com a jovem Terra bombardeados por radiação ultra-violeta UV C, algas deram suas respostas, tais como a produção fotossintética de muitas moléculas orgânicas que aumentou a resposta de sobrevivência das algas. Para terminar de envolver as belas e vulneráveis de DNA ou acessórios foram usados pigmentos antioxidantes, algas mecanismos desenvolvidos para capturar mais energia solar disponível.

As algas se reproduzem durante a noite, provavelmente devido à presença maciça de bombardeio UV durante o dia, não está mais na Terra primitiva. ADN replicado, durante a noite, minimizada a perturbação que pode ser causado pela entrada de luz ultravioleta energético (UV) para dentro.

O Fotobior reactores, como o kit descrito neste livro, fornecer meios para que os pesquisadores "influência" sobre o crescimento da tensão através de mudanças em seu ambiente, de acordo com o protocolo de crescimento a um resultado desejado.

Compulsando produção de algas para um seleto

As algas, que são "certificado" em momentos estratégicos em seu ciclo de crescimento, pode produzir interesse selecionado pelas moléculas cultivador. As moléculas selecionadas são o alvo de cultivo de algas.

A biomassa de algas é produzido quando a "energia" de fotossíntese "ultrapassa" a energia usada para a respiração e divisão celular. A taxa específica de crescimento de algas, será dada a sua "termodinamicamente" pelo "como" você cultivar algas.

O Fotobiorreactor (FBR) descrito aqui permite que você ajuste a ótica, controle de temperatura, o fluxo de CO_2 e O_2 no cultivo, o pH, a mistura de nutrientes, assim que você adicionar seus recipientes de cultura e, e "taxa" o "tempo" em que você cresce.

Manipulando os nutrientes, as intensidades, a seleção de comprimento de onda e fotoperíodo, em sua fonte de luz, a temperatura, o pH, os níveis de oxigênio dissolvido e CO_2, ter impactos dramáticos em vez controlam o metabolismo de energia algas.

A taxa específica de crescimento de algas é a taxa de variação do acúmulo de massa de algas. Os processos de taxa de "anabolizantes" (fotossíntese) e processos "catabólicos" (respiração) determinar o seu ganho de biomassa líquida.

Os Fotobiorreactores permitem aos pesquisadores testar crescimento protocolos através do ajuste sistemático dos mais importantes, tais como temperatura, nível de luz, o fotoperíodo parâmetros termodinâmicos, como descrito, que é uma ferramenta importante para a investigação e marketing.

As algas costumam usar o pigmento clorofila-a Primária. Este pigmento é importante no reino do fitoplâncton e é provavelmente o mais valioso do que fornecer a vida na Terra molécula.

As algas têm desenvolvido "Pigmentos Crianças" jogar outros comprimentos de onda no espectro para conduzir processos químicos. Outros pigmentos responder aos comprimentos de onda adicionais no espectro solar, e dar meios adicionais de transformar energia das algas para a sobrevivência. A alga é cultivada outra parte do espectro solar para obter energia adicional para o metabolismo, a respiração e a divisão celular.

Pigmentos secundárias, mais comumente chamados de "acessórios" incluem clorofila-b,-c clorofila, carotenóides e ficobiliproteínas. Pigmentos adicionais fornecem uma vantagem evolutiva células termodinamicamente algas. Nossa vantagem é que podemos cultivar valiosas "metabólitos" e produtos resultantes desses caminhos adicionais.

Pigmentos secundárias fornecem algas valiosos, tais como moléculas antioxidantes. Altos níveis de radiação UV, como estímulos químicos ameaçam algas e jovem. Proteína A astaxantina, altamente valorizada, foi desenvolvido pelas algas para servir como "filtro solar" a ser altamente absorvente de luz UV.

As algas podem produzir astaxantina (vermelho brilhante), que, após o acondicionamento as moléculas de DNA valiosos absorver os raios UV para protegê-los. Quando química ou UV em células de algas ou de stress ocorre, um caminho para a produção de astaxantina a proteger a célula se desenvolve.

As algas são extremamente sensíveis às suas condições e mudanças (taxas de mudança) em seus ambientes. Controlando essas condições em seu Fotobiorreactor, permitem influenciar em suas algas para produzir moléculas de interesse.

Equilíbrio em todas as coisas

O fotobioreactor começa com um sistema de iluminação. Os autótrofos são altamente responsáveis pela energia óptica. O aspecto mais influente do cultivo de algas é o regime óptico que você usa no seu protocolo de cultura. O sistema óptico é dirigida para os comprimentos de onda e intensidades e fotoperíodo.

A clorofila-a responde a determinados comprimentos de onda, enquanto os pigmentos secundários fazer outros comprimentos de onda.

Os Fotobiorreactores ter uma plataforma para o crescimento de determinadas espécies (táxons) e crescente desenvolvimento de protocolos para aumentar a produtividade natural das algas. Como você usa seu photobioreactor, com um programa de acções, medidas e culturas, você seleciona o desempenho específico.

As algas produzem compostos valiosos muitos mercados vitais para cosméticos e nutracêuticos. Óleos naturais e lipídios, rico em Omega 3 são altamente valiosos. O corpo humano desenvolveu algas e deles. Óleos naturais e antioxidantes, muitas vezes não é divulgado, em comparação com os produtos sintéticos para os consumidores.

O "Haematococcus pluvialis" (Hp), um Chlorophyceae (algas verdes), produzem mais astaxantina antioxidante, cerca de 40.000 ppm quando "sublinhou" que qualquer organismo conhecido na Terra. Isso faz com que (H. p.) Para valiosos nutracêuticos e cosméticos.

Natural astaxantina tem um valor de milhares de dólares por libra no mercado, e é altamente valorizada no mercado de nutracêuticos e da aquicultura.

As algas têm mecanismos incríveis para aumentar a produção de produtos fotossintéticos quando estão "estressados." Cultivo biomassa de algas tem necessidades nutricionais e outros que você pode manipular para seu ciclo global de culturas para produzir os produtos orgânicos desejados. Sublinhando algas aumenta ou diminui algo que as algas necessitam durante o seu ciclo de vida.

Estimular o stress ou a mudança ambiental é algas, para produzir uma resposta predictada tais como a produção de astaxantina.

Kit photobioreactor, descritos a seguir, fornece equipamentos que você precisa para crescer e influenciar o perfil da cultura de algas.

As algas têm alta capacidade de influenciar a resposta metabólica a produzir níveis mais elevados de produtos orgânicos selecionados, incluindo aminoácidos, proteínas, corantes orgânicos, antioxidantes, vitaminas e substâncias importantes para os biocombustíveis: lipídios.

Os lipídios (óleos), são a principal matéria-prima para o biodiesel (ambos os ácidos graxos, de origem animal e vegetal, pode ser usado como um backup). Os ácidos gordos podem ser transesterificado em biodiesel.

Os lipídios produzidos pelas algas são frequentemente classificados como lipídios "Armazenamento" (não-polar) e lipídios "estrutural" (polares). Lipídios como "ao vivo" com Triac1gliceridos (TAGS) pode ser transesterificados para produzir biodiesel.

Os pesquisadores estudaram os elementos que influenciam a produção de biodiesel de algas em limitar algumas variáveis no ciclo de crescimento. "Batota" de algas, alterando alguns dos seus condições, podem induzir a produção de algumas moléculas como parte da biomassa produzida. Fotobioreatores (FBR), algas permitir que o cultivador a ajustar as condições, tais como a temperatura, o pH, os níveis de iluminação, a presença ou ausência de nutrientes inorgânicos para produzir uma saída ou a resposta desejada.

Toda a vida na Terra, com algumas exceções, depende da fotossíntese-oxigenação, como o processo primário para a produção de nutrição (para a base da cadeia alimentar) e oxigênio.

A fotossíntese é o "principal produtor" de toda a nutrição e oxigênio necessário à vida na terra e nos oceanos. A "alimentação" para a fotossíntese é o Sol, que oferece uma potência de pico na superfície da Terra 1.000 Watt metro / quadrado.

Para estimular a fotossíntese, o que você precisa para produzir comprimentos de onda que dominam as respostas características dos pigmentos primária e secundária de algas. Cada tundra alga seu favorito particular para todo o espaço parâmetros termodinâmicos.

Capítulo Dois - Selecionando o Strain Alga

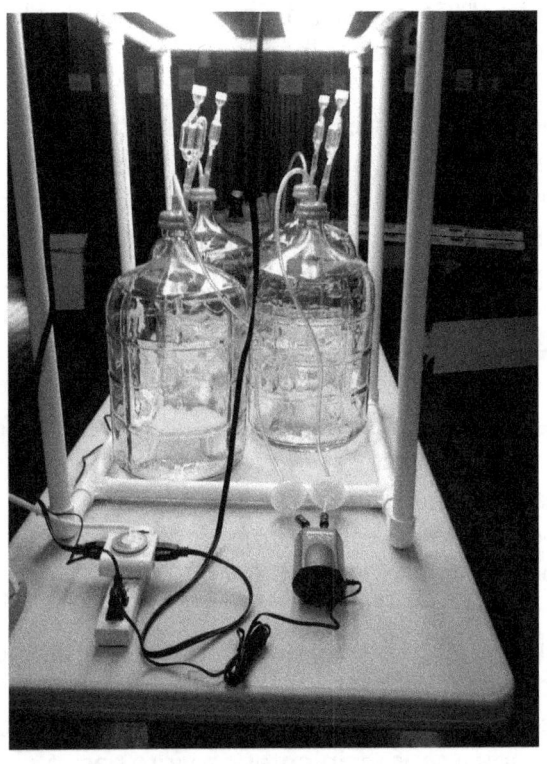

Comprar monoculturas (espécies puras) de algas é muito caro - muitas vezes milhares de dólares por litro!

Os Fotobiorreactores ser usado para o cultivo de monoculturas de algas, e salvar, ao longo do tempo, potencialmente milhares de dólares em custos para crescer algas.

Espécies de algas de interesse são selecionados para o seu alvo específico, ou várias moléculas de valor. A seleção de algas é o problema de trabalhar "para trás." Comece com o que você deseja alcançar no final, depois das colheitas.

Espécies (grupos taxonômicos) que você selecionar depende do que você quer como produzir o produto final. Procurando óleos (lipídios) para o biodiesel ou para a indústria de cosméticos? Você está procurando proteínas completas (aminoácidos essenciais) para o mercado de alimentação dos peixes?

Sua escolha de algas depende de seus resultados. A lista de algas por exemplo a seguir, é feita com uma gama de conteúdo lipídico (peso seco). Cada espécie (grupo taxonômico) protocolo tem sua própria cultura, e as taxas de cultura.

O conteúdo lipídico do grupo de algas depende da sua cultura técnica, inoculados e como você começar a sua cultura, o meio de cultura que você adicionou a seus recipientes de vidro para o crescimento, o regime de iluminação que você aplicar e quão bem você controlar o pH e temperatura.

A seguir está uma lista de espécies de algas (grupos taxonômicos) úteis e valiosos:

Chlorella vulgaris

Chlorella minotissima

Ankistrodesmus sp.

Cohnii Crypthecodinium

Scenedesmus sp.

Cyclotella sp.

Dunaliella tertiolecta

Hantzchia sp.

Nannochloropsis

Neochloris oleoabundans

Nitzschia sp.

Phaeodactylum tricornutum

Stichococcus sp.

Nannochloris

Thalassiosira pseudonana

Tetraselmis suecica

Botryococcus branuii

Superstar *Chlorella vulgaris* - tem sido bem estudado por sua alta produtividade. O biodiesel de algas Chlorella vulgaris com base em vantagens tem para oferecer em termos de taxas de crescimento elevadas, e algumas saídas a serem abordados, incluindo a parede celular muito difícil, o que é necessário para atingir os óleos interiores de quebra.

Chlorella vulgaris um Chlorophyceae (algas verdes) cresce bem usando as conhecidas taxas de nutrientes C: N: P: K. A limitação de nitrogênio (em relação a outros nutrientes), a Chlorella vulgaris responde produzindo mais amidos, ácidos lipídicos gordo insaturado.

Os ácidos graxos poliinsaturados são um grande prêmio. O "limitado em nutrientes" sente uma pequena crise e produzir mais lipídios para armazenar energia para um défice previsto. Alga

Se você estiver selecionando uma tensão para a produção de ácidos graxos poliinsaturados lipídios, Chlorella vulgaris é uma ótima escolha. Chlorella minotissima, do Filo Chlorophyta, quando o nitrogênio é limitada na produção de 39% EPA (ômega-3 ácidos graxos ácido eicosapentaenóico), altamente valorizada no mercado de nutracêuticos e biodiesel.

A alga Nannochloropsis tem mostrado grande quando a produção de biodiesel tem sido influenciada por limitação de nutrientes. O Nannochloropsis é composto por seis grupos identificados, cada um promissor, e que vivem em água salgada, água doce e água salobra.

O Nannochloropsis, cultivada sob condições adequadas, pode acumular-se a 60% por peso seco de ácidos gordos poli-insaturados, os protocolos de Azoto limitada. Isso faz com que o livro Nannochloropsis como altamente valorizada potencial na indústria de biodiesel.

Capítulo Três - Construa seu próprio Fotobioreactor

Você pode construir seu próprio usando 4 Fotobiorreactor Vidro Recipientes para o Crescimento. É construir uma estrutura de PVC, e colocar duas lâmpadas fluorescentes na extremidade da dita estrutura de recipientes de crescimento. Aquário colocado bombas para bombear ar e CO_2 nos recipientes. Os recipientes têm "House" nos extremos do tipo 2 furos.

Seu sistema Fotobiorreactor incluem:

Limitador de Tempo, Estrutura mecânica, feita de tubo de PVC, equipamento da loja obtida.

Quatro (4) Os recipientes de vidro de 20 litros Crescimento c / u, com tubos, tomadas e acessórios não-tóxicos Food Grade 100.

Com bomba de ar inflável Filtros Bactérias Online para aeração e mistura esterilizada com válvulas de saída "Pasteur Curvas," para evitar a contaminação do grupo taxonômico.

Fácil de montar e sanitarizar para diferentes ciclos de produção dos grupos taxonômicos.

A FBR com quatro recipientes classificados em 80 litros (20 litros por c / u) pode ser usado para uma monocultura de algas grupo taxonômico. Você também pode usar cada recipiente para usar um grupo taxonômico completamente diferente e separada a quatro diferentes grupos taxonômicos com este Kit cultivo de algas.

Cada crescimento dos vasos é independente das outras embarcações, com suas próprias bactérias do filtro e válvulas de saída tipo "curvas Pasteur."

O Fotobiorreactor completa inclui:

Elementos mecânicos
Pneus Itens
Filtro de elementos biológicos
Elementos ópticos
Fusíveis elétricos / Sistema temporizador
Fotoperíodo

Filtros biológicos para cada recipiente, esterilizar o fluxo de ar no recipiente de cultura, e as válvulas de saída "curvas Pasteur" não permitem a contaminação de um fluxo de retorno em seus recipientes de cultura.

Use copos e pirex de vidro do tipo de material 100% do produto comestível não-tóxico para os componentes sensíveis.

O sistema óptico completo produz luz de radiação fotossinteticamente ativa (PAR), com uma densidade de fluxo de fótons de mais de 200 micro-moles/m2/seg, ajustável mudança altura da lâmpada, e inclui disco Timer.

Os kits incluem todos os vidros e acessórios, bombas de ar pneumáticas, Estrutura mecânica, sistema elétrico fusíveis-Tudo que você precisa (equipamentos) para começar a crescer as culturas de algas.

Todos Crescimento FBR de algas incluem Sanitarizador evaporação Não Tóxico para cultivo repetido. O Kit DIY Fotobiorreactor crescimento de algas inclui:

Dois (2) Estruturas de Lastro T8 lâmpadas de alta eficiência Luz Fluorescente, quatro (4) de alta eficiência lâmpadas 6500K (20.000 horas). Um (1) temporizador Duro (lâmpadas ligadas a ele para corrigir o seu fotoperíodo).

Um (1) Power Strip com Fusível

Um (1) Kit para estrutura mecânica. Corte e acessórios para uma fácil montagem. A estrutura de "mecânica" é composto por tubos de PVC, 3/4" a 1.5" (19-38,1 mm), dependendo de sua seleção, disponível em lojas de equipamentos. Corte pedaços cone seguinte forma:

Oito (8) Segmentos longitudinais 18"c / u (457,2 milímetros)
Oito (8) Segmentos secundários 22"c / u (558,8 milímetros)
Six (6) Segmento Vertical 20"c / u (508 mm)
Oito (8) de 3-Way Canto
Oito (8) Conectores Médio 3-Way

Montar a estrutura, como acima. Estrutura suporta as luzes, e define um espaço interior onde os recipientes de crescimento são colocados sob lâmpadas.

Quatro (4) Os recipientes de vidro para o crescimento nominal de 20 litros de capacidade c / u

Quatro (4) tubos de pirex de vidro para entrada de aeração para o crescimento das plantas.

Quatro (4) conecta produto comestível 100% Containers não tóxico para o Crescimento / Tubo / Acessórios.

Quatro (4) Válvulas de retenção tipo "curvas Pasteur" classe 100% Alimetario Non-Toxic

Dois (2) Bombas de ar de alta eficiência (4000 cc / minuto) em Quatro recipientes de crescimento. Adicionar um "espaçador" para que você possa arejar 2 cubas de forma independente para cada

Quatro (4) Válvulas de retenção (para proteger as bombas de ar)

Quatro (4) filtros Bactérias online (um para cada recipiente agricultura) ao preço de 0,22 μ m. Colocar filtros bacterianos, entre a bomba e cada uma das culturas de contentores.

Vinte (22) pés (6,7 m) Line Pipe produto comestível 100% não tóxico.

Um (1) litro de produto comestível evaporativo Sanitarizador 100% não tóxico.

O Kit contém total (96) Partes.

Potência: 148 Watt.

Custo da operação: Menos de 2 centavos de dólar por hora (0,12 USD / kWh de eletricidade)
Pegada: 8 pés quadrados (0.743 m $^{2)}$, altura: 3 pés (0.914 m), largura: 2 pés (0,609 m) Comprimento: 4 pés (1.219 m), Peso: £ 57 (25,9 kg).

Capítulo Quatro - Optics Algas

Os comprimentos de onda das intensidades de fótons e fotoperíodo são cruciais para as algas, uma vez que precisa de uma condição de "Goldilocks" para atingir o crescimento exponencial.

Induz a adição brilhante "saturação luminosa" que ocorre quando você tem sobrecarregado centros fotorreação nas células, e acontece que a luz não induzir mais processo. Na verdade, se você chegar às condições de "saturação de luz," então inibir a fotossíntese, este efeito é a inibição da luz.

Adicionar pouca intensidade de fótons significa que você não vai conseguir o "ponto de compensação" necessária para a fotossíntese líquida. A compensação é quando seu alga produz um ganho líquido na biomassa de algas. Este "ponto de compensação" é onde a fotossíntese excede a energia necessária para a respiração e divisão celular.

As algas crescem quando a intensidade dos fótons é entre o "ponto de compensação" e "saturação luz" na curva de crescimento. Nota: Um dos maiores erros cometidos pelos produtores de algas é o uso excessivo da luz.

Termodinamicamente, uma vez que você alcançar os níveis de "saturação," com a intensidade da luz, os fótons adicionais adicionados ao sistema não conduzirá o processo melhor ou mais rápido. Ajustar a altura da estrutura para ajustar a intensidade de luz.

Use um medidor de Quantum, quando possível, para medir cuidadosamente a radiação fotossinteticamente ativa (PAR) a partir de 400 nm a 700 nm, densidade de potência ou micro-Einstein/m2/segundo micromoles fótons. O fotoperíodo são vitais para o crescimento de algas. O ciclo dia-noite é uma influência fundamental sobre o crescimento de algas.

Sua seleção do fotoperíodo tem impactos dramáticos sobre o ciclo de vida de algas, como cada espécie tem seu ciclo dia-noite preferido.

A tecnologia LED está permitindo aos pesquisadores para coincidir com a "emissividade" de LEDs que emitem o "absortividade" de pigmentos primárias e secundárias em algas. No entanto, os LEDs muitas vezes não coincidem exatamente com as respostas de "pico" comprimento de onda de alguns pigmentos.

Novos LEDs orgânicos (OLEDs) permitir que o "emissividade" de LEDs é "ajustável" e cair exatamente no comprimento de onda do pico do pigmento. A adoção de LEDs para emitir cultura de algas irá proporcionar alta eficiência (você só está energizando o comprimento de onda necessário), baixa temperatura (LEDs de trabalho a frio) e alto controle sobre a intensidade e duração.

Kits Fotobiorreactor usando lâmpadas T8 que você pode usar com um número selecionado de lâmpadas que têm esse formato. LEDs lâmpadas T8 pode ser alcançado on-line ou localmente.

Use o photobioreactor kit para o cultivo de algas para biocombustíveis e biodiesel. Produção de biodiesel usando algas tem enormes oportunidades de mercado, pois a pressão de transporte para os produtores a usar biodiesel mais diesel maiores indústrias.

O mercado de biodiesel é grande, incluindo caminhões, trens, tanques, equipamentos agrícolas, construção, para não mencionar que já existem alguns carros de transporte como e caminhões que rodam em biodiesel. Biodiesel de algas usando fluxos de resíduos com está sobrecarregado com fósforo e nitrogênio que pode ser considerado como nutrientes. Estes minerais são altamente valiosos, especialmente fósforo.

Biodiesel a partir de algas, é usado para limpar rios de valiosa combinação de P: K: N para produzir dois fluxos de receitas: ingressos para a limpeza do meio ambiente e entrada de biodiesel produzido.

As algas têm "acessórios," como pigmentos de clorofila-b, clorofila-c, que absorvem alguns picos correspondentes às faixas de comprimentos de onda de azul-violeta e vermelho-alaranjado, suavemente misturado. Outros pigmentos incluem acessórios carotenóides (betacaroteno) picos de absorção de comprimentos mudado para capturar diferentes comprimentos de onda para os dos pigmentos primários, tais como clorofila-a onda.

Por clorofila - clorofila-a e b, cada um "pico" devem ser activados simultaneamente. Todos - em conjunto, gerencia uma via fotoquímica ativa no fotossistema II e fotossistema I, levando a processos Lumino-dependentes da fotossíntese.

Fotossíntese opera em duas partes distintas: reacções luminodependientes (centros fotorreação) de "oxidação" água, e as reações independentes de luz (ciclo de Calvin-Benson) para "reduzir" o CO_2 para produzir os blocos de construção de tudo outras moléculas orgânicas: açúcares simples.

Kits para cultivo de algas Fotobiorreactor são projetados para as algas pesquisadores. Cultive algas para a produção de projetos de biodiesel e nutracêuticos. Desenvolver parâmetros de pH, temperatura, intensidade luminosa, iluminação de fotoperíodo, a absorção de nutrientes, e outras variáveis para maximizar os resultados de cultura de algas. Durante a fotossíntese das algas "oxidado" água para crescer um elétron e um próton, liberando oxigênio como um desperdício de produção de algas.

A água é oxidada para produzir um par de protões e de neutrões. Uma vez formadas, as partículas carregadas são separadas criando uma "diferença de potencial" para conduzir a cadeia de transferência de electrões que transporta o fardo que vai ser usado mais tarde no ciclo de Calvin-Benson para construir moléculas orgânicas.

O ciclo de Calvin-Benson quimicamente "reduzido" CO_2 (fixação de carbono) e constrói carboidratos simples de armazenar energia.

Algas precisa Eyewear. Fotoflujo densidade, a taxa de energia entregue ao cultivo de algas, foi medido ao longo de uma vasta gama de tão pequeno valor de 2 micromoles de fotones/m2/segundo para um valor mais usual de 80-200 micro- fotones/m2/seg mol.

A energia do fóton para o cultivo de algas em Fotobiorreactores tem três aspectos importantes:

Comprimentos de onda fotossintética
Photon Intensidade
Fotoperíodos

Kits photobioreactor crescimento de algas fornecem controle óptico ao longo desses três fatores.

Usando Universal T8 lâmpadas você pode ligar as lâmpadas de diferentes espectros de instalação de lâmpadas incluídas no kit para projetar todos os tipos de experiências ópticas cultura de algas.

Protocolos algas que crescem em Fotobiorreactores irá fornecer-lhe o controle sobre a penetração da luz. Lagoas e outras abordagens cultivo de algas marinhas fora tem um grande problema com a "inibição pela luz."

Inibição de luz ocorre quando as algas que crescem na superfície de um lago e bloqueia a luz penetre em coluna de água. Este crescimento de algas superfície "ofusca" o encontrado em algas e produz uma inibição do crescimento.

Um paradoxo para o cultivo de algas em tanques é que quanto mais cresce, mais as algas turvação. A inibição da produção de limites claros cultivo de algas em tanques a uma profundidade de 1 a 2 cm. As algas são espécies aquáticas que exigem condições ambientais específicas para crescer. Isso inclui a temperatura, pH, CO_2 dissolvido e O_2, nutrientes disponíveis, macro e micro, luz entre 400-700 nm RFA e fotoperíodo regular.

A Densidade de fluxo de fótons fotossintéticos (DFFF) descreve a energia liberada a partir do sistema óptico. As densidades de potência necessárias para RFA está numa gama, grupo taxonómico específica, variando de tão pequenos valores de 2 micromoles fotón/m2/segundo para Árctico algas para mais de 200 micro moles de fotones/m2/segundo espécies mais típicas algas.

FBR kits são projetados para produzir um valor nominal de 300 luz micro-moles/m2/seg RFA. Você pode variar esses valores, ajustando a altura do seu sistema de iluminação. Você pode variar este valor, ajustando a altura do seu sistema de iluminação.

Kits crescimento incluem algas completamente estruturado. Sistema de Iluminação, Controle de Sistemas de Potência, o crescimento das plantas e recipientes de vidro e Pyrex, filtros de bactérias, "Curvas Pasteur" e sistemas de bomba de ar. Fotobiorreactores Kits são projetados para você crescer monoculturas de algas valioso.

As algas são fornecidas cloroplastos (contendo os centros fotorreacção), de tal modo que todos ocorrem na superfície das células. A luz que entra uma coluna de água é absorvida ou refratada em seu caminho. As partículas encontradas em água, incluindo algas, dissipar a luz que não é absorvida. A dissipação da luz é uma vantagem para as algas e que "normaliza" a direção dos fótons e permite que as células para capturar e usar fótons de todas as direções.

Fótons na água "dissipar" e "absorvido" em todas as direções, inclusive para cima novamente, para que a luz na água dá um perfil muito ativo surgindo e para baixo para normalizar as trajetórias de fótons equilibrar a distribuição de luz (fótons) na coluna de água

Fotoperíodos são vitais para o crescimento de algas. O ciclo dia-noite diária é uma grande influência sobre a forma como as algas evoluir. O fotoperíodo tem impactos dramáticos sobre o ciclo de vida de algas e cada espécie tem o seu ciclo dia-noite preferido.

Muitos ocorrem culturas de algas usando um fotoperíodo de 12 horas de luz e 12 horas de escuridão. No entanto, o alongamento ou encurtamento das vezes afeta a fisiologia e resposta celular. Se você aumentar as "horas de sol" algas sabem que o verão está chegando e aumentar a resposta fotossintética.

Se você diminuir a "horas de sol" algas respondem como próximo Inverno produzindo mais lipídios. Algas Biodiesel são uma verdadeira fonte de combustíveis para transporte de carbono neutro. Eles podem ser cultivadas utilizando fluxos de resíduos de agricultura e pecuária, com verdadeiramente neutro em carbono. De carbono para o crescimento de algas vem da atmosfera, e devolve-lo quando ele é consumido.

Pigmentos fotossintéticos estão disponíveis para capturar proteínas específicas de fótons de energia é vital para a fotossíntese.

A luz (energia do fóton) é o aspecto mais importante para o crescimento fator algas. (Apesar de todas as condições termodinâmicas são importantes). A fotossíntese é o principal mecanismo para promover o crescimento de algas e sua importância para o cultivo comercial de algas é dominante. As algas requerem comprimentos de onda específicos, com a energia de fotões no intervalo de 400 nm a 700 nm.

A luz de radiação fotossinteticamente ativa (PAR) refere-se a todo o espectro de comprimentos de onda em que os pigmentos podem responder. Todos fotossíntese aeróbica na Terra é dirigido por comprimentos de onda entre 400 nm e 700 nm - não chegaram a um "oitava" das freqüências de luz - um estreito dado o espectro eletromagnético banda larga.

Pigmento primária utilizada em todo o universo é de algas clorofila-a. Ela é provavelmente a molécula mais importante do mundo por causa de sua capacidade de capturar os fótons conforme necessário para centros fotorreação I e II para lidar com as reações luz-dependentes fotossintéticos.

Pigmentos secundários, tais como clorofila b, carotenóides e ficobiliproteínas, são proteínas selecionado captura e absorver os fótons. Energizando uma "cascata" de efeitos é a captura de fótons é o mais importante. Maximize pigmentos de algas, estimulando ambos os picos em sua absortividade espectro.

O cultivo Kit Fotobiorreactor Algas permite controlar as condições ópticas, tais como intensidade de luz de radiação fotossinteticamente ativa (PAR), que é vital para o crescimento de algas. A fotossíntese em algas opera sobre uma vasta gama de condições, dependendo da espécie, mas os comprimentos de onda, e a intensidade de energia de fotões são termodinamicamente mais importante.

As algas crescem RFA usando a luz na faixa de comprimento de onda de 400 nm a 700 nm. RFA intensidades de luz que varia de um valor tão pequeno quanto 2 micromoles fotones/m2/seg ártico para as algas a 200 micromoles de fótons / m2/seg para as espécies mais comuns de algas. Cada espécie tem sua intensidade de fótons preferida, um conjunto de comprimentos de onda e fotoperíodo ativos para permitir um ciclo de luz e escuridão.

Os comprimentos de onda exactos que as algas podem ser utilizados na fotossíntese aeróbica pigmento primário dependente (clorofila-a), que tem dois picos de absorção, um na parte do espectro do azul-violeta, e um outro no orange.-vermelho.

Capítulo Cinco - Nutrição Algas

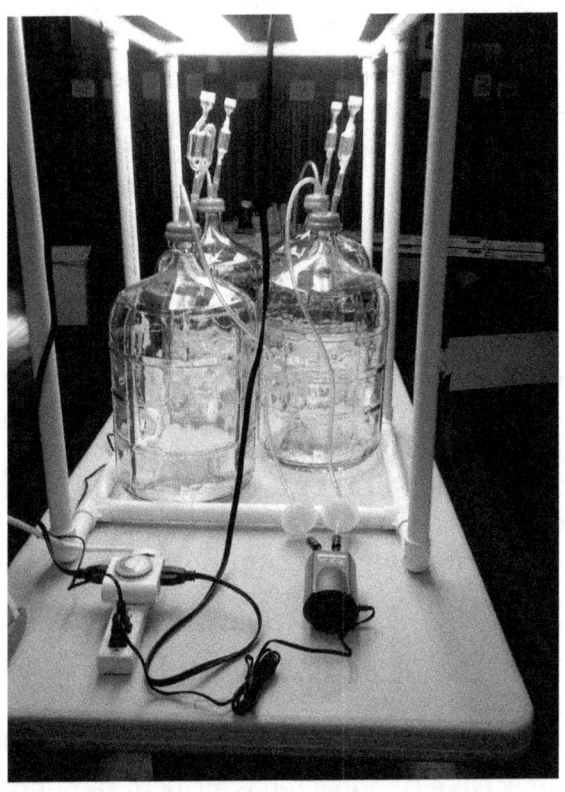

O crescimento de algas depende de muitos fatores, incluindo o meio nutriente crescimento selecionar para suas espécies específicas (grupo taxonômico).

Nutrientes limitantes como nitrogênio, tem um efeito considerável sobre muitas espécies de algas para a produção de lipídios. Pesquisadores usam estes nutrientes e outros factores limitantes para estimular as algas para produzir o produto orgânico desejado. *Chlorella vulgaris* é bem conhecido para a produção de quantidades significativas de lípidos e amido quando o azoto é limitado.

Kit photobioreactor (FBR) cultura de algas é uma ferramenta para pesquisadores para projetar misturas de algas nutrientes específicos que aumentam as taxas de colheita e produção líquida de biomassa de algas.

As algas, diatomáceas e cianobactérias requerem nutrientes macro e micro, íons dissolvidos, metais traço, e várias vitaminas para prosperar. O meio de cultura é dividido em algas de água doce e de água salgada. Não há meio de cultura universal para todos os grupos taxonômicos. Por isso os pesquisadores são obrigados a tomar muito cuidado como o meio é composto, armazenados e utilizados.

Meios de cultura de algas Receitas

Os macro nutrientes necessários por algas, diatomáceas e cianobactérias incluem carbono, azoto, fósforo, silício e grandes iões incluindo Na, K, Mg, Ca, Cl, SO4 ay como uma base média.

Micronutrientes são oligoclementos essenciais, que está incluída no ferro, manganês, zinco, cobalto, cobre, molibdénio e uma pequena quantidade de selénio metalóide.

As vitaminas são vitais para o crescimento de algas, especificamente três: Vitamina B1 (Tiamina - HCL), vitamina B12 (Cianocolbalamina) e vitamina H (biotina). Muitas algas preferência só precisa de um ou dois deles, dependendo da espécie, mas parece não prejudicá-los usar todos os três.

A adição de elementos-traço é um negócio delicado cultivo de algas marinhas. Bastante pequenas quantidades de metais traço, tais como ferro. O cobre, zinco e cobalto são essenciais para processos fotossintéticos. Nota: Todos os oligoelementos são tóxicos para as algas se as concentrações são muito grandes. Muito cuidado deve ser tomado para não misturar microgramas / litro a miligramas / litro.

Elemento ferro - necessária para todos fitoplâncton e serve as funções metabólicas essenciais para o transporte de elétrons.

Elemento Manganês - é um principais centros de oxidação da água no componente fotossíntese.

Elemento de zinco - como manganês, é utilizado por algas, cianobactérias e diatomáceas para uma variedade de funções metabólicas. Uma maior utilização de zinco é na formação da "anidrase carbónica" - esta enzima essencial é essencial para o transporte de CO_2 e fixação de carbono.

Cobre elemento essencial - é vital para a vida de todos fitoplâncton devido ao seu papel no "citocromo-oxidase" - uma proteína essencial no transporte de elétrons respiratória em alga celular.

Receitas Nutrient Meio de Cultura também são salvos receitas como um mestre-chef nas artes culinárias.

Desenvolva suas próprias receitas e descobrir a combinação perfeita de nutrientes para lidar com o crescimento exponencial das algas.

Espécies de água doce geralmente usam um meio de cultura divididos em três categorias marcadas: sintéticos e de água enriquecida com terra. O meio de cultura sintético é um meio seleccionado pelo investigador para ser fornecida com um meio simplificado e especificamente definidos. Exemplos são "Bold Basal Medium" significa Chu # 10, BG-11 médio e médio vaso sanitário.

Há uma grande arte de preparar a cultura de algas meio de água doce. Cuidado para não usar destilada ou água da torneira. Os contaminantes metálicos traço de água destilada ou da torneira pode envenerar cultivo de algas. O meio de cultura enriquecido é preparada por adição de nutrientes para o fluxo de água naturais ou lago, ou por enriquecimento de solo sintética ou extracto de planta.

O meio de enriquecimento é indefinido porque lhe compostos orgânicos e inorgânicos que podem estar presentes.

A Pioneer em Algas Redfield (1938) descrevem métodos para manter continuamente isolado a partir de culturas de diatomáceas marinhas - rico em Omega 3 óleo em grandes quantidades para experimentos de laboratório.

O procedimento inclui um Redfield algal colheita de biomassa estratégica para um determinado ponto em sua fase de crescimento exponencial. Os valores de massa seca em quilogramas diatomáceas foram cultivadas e colhidas para experimentos de aquicultura a nível laboratorial.

Biologia Redfield é famosa por sua "razão de Redfield" composição vital de receita fotossintética para mistura de nutrientes, usado em crescimento de algas.

A taxa de Redfield 106 carbono: 16 nitrogênio: um fósforo é um crescimento protocolos pedra angular e cultura de algas, e foi modificado por muitos pesquisadores para incluir metais traço de íons que são necessários para o crescimento dinâmico de algas.

O cultivo Kit Fotobiorreactor Algas é uma ferramenta para medir as taxas de crescimento de biomassa de algas e valores da cultura por meio do crescimento de algas direta.

Cultivo de algas marinhas exige gestão, planejamento e implementação de uma cultura específica de protocolo.

Espécies de algas tem apetites muito específicos para o meio de cultura, e não há mistura universal de nutrientes que podem funcionar para todas as espécies de forma igual. Portanto, os pesquisadores usam Fotobiorreactores para o controle do crescimento fotossintético em um ambiente controlado.

O uso de um solo de água através de um método de enriquecimento do meio de cultura, utilizando os recursos naturais encontrados no solo. Selecione como "limpar" o chão quanto possível. Não selecione a argila materiais e seco em fogo baixo.

Quando seca, deve peneirar uma peneira para obter pequenas partículas. Adicione a água e deixe descansar e se depositam no fundo. Difusão Natural permitir compostos característicos essenciais húmus, incluindo pH, condutividade, elevadores orgânicos, nutrientes e vitaminas sede difusa no meio de cultura.

Kit photobioreactor (FBR) cultura de algas permite que você experimente com protocolos nutrientes e crescem algas. Desenvolva a sua própria receita para os nutrientes específicos que deseja cultivar algas.

A qualidade da água é um dos pontos de partida mais importantes na concepção de meio nutriente. O dH2O geralmente se refere a água destilada ou deionizada. dH2O Não use água (destilada), devido a contaminantes íon traço.

Use RO água ou água destilada em vidro como ponto de partida para a prescrição meio de cultura sintético. A mistura de nutrientes é autoclavado para esterilizar a água antes de entrar na alga inoculante.

Capítulo Seis - Algas para Biocombustíveis

"O uso de óleos vegetais para combustível do motor pode parecer insignificante hoje, mas tais óleos podem tornar-se, no decorrer do tempo tão importante como o petróleo e os produtos de alcatrão de carvão de hoje." (Rudolf Diesel - 1912) .

O mercado de combustíveis líquidos em os EUA sozinhos superior a US $1,8 bilhão por dia. Protocolos POP acumular óleos de algas e pode perfurar estes mercados com os combustíveis à base de algas e de carbono neutro.

Os que acumulam óleos de algas e diatomáceas são os principais mercados para grande escala de biodiesel e biocombustíveis à base de algas.

As diatomáceas e algas podem ser cultivadas em fotobiorreactores. As algas, como reserva alimentar primária para biocombustíveis e biodiesel, são alcançados com a produção na acumulação de petróleo em seu estado de repouso ou algas sono. Use kits para crescer algas photobioreactor FBR e realizar suas próprias experiências para aumentar a bio.

O cultivo de algas para biodiesel representa a maior oportunidade do século mercado. Combustíveis de transporte, incluindo o biodiesel, o que representa um mercado diário de bilhões de dólares. O biodiesel de algas para atender a essa demanda requer uma produção diária de cerca de 80 milhões de barris de óleo vegetal. As algas podem produzir biodiesel este volume porque o nosso fluxo de resíduos orgânicos excede em muito este valor.

Algas biodiesel tem um forte argumento econômico, como fluxos de resíduos aumento da poluição da água contém os nutrientes mais importantes para o crescimento de algas em grande escala. As massas de água são mais estressado com Nitrogênio, Fósforo, Potássio ay outros itens em nossas fontes de poluição da água. As algas para biodiesel pode limpar (neutro em carbono) e "tratar" a poluição da água produzindo água mais limpa e combustível biodiesel. A poluição da água pode ser redirecionado para o cultivo de algas para a produção de biodiesel através da resolução de dois problemas simultaneamente.

Fluxos de resíduos orgânicos atualmente "jogados fora," em cursos d'água frágeis podem ser derivadas como uma importante fonte de nutrientes para o cultivo de algas para biodiesel. O biodiesel de algas podem ser produzidos em vários locais da utilização de resíduos orgânicos locais flui aumentar a segurança energética para redes baseadas em biodiesel de algas.

Você pode selecionar espécies de algas com saídas Lipídeos para reserva Biodiesel. Se o seu interesse é o etanol, em seguida, encontrar uma estirpe particularmente ricos em amido.

O cultivo de algas para a produção de biodiesel começa com o crescimento específico do protocolo de biodiesel de algas

Kits Fotobiorreactor (FBR) cultura de algas são projetados para crescer algas em seus protocolos para a produção de moléculas orgânicas de interesse de crescimento de algas. O biodiesel à base de algas procura levar os recursos de poluição da água (N, P, K) e redirecionar como reserva para a produção de algas para biodiesel. Kits

Fotobiorreactor (FBR) cultura de algas permitem variar os principais parâmetros termodinâmicos.

Controlando a intensidade da luz, o comprimento de onda e fotoperíodo, nutrientes a partir do meio de cultura, de arejamento pneumático e espécies de algas.

Há muitas técnicas para o cultivo de algas, e foram descritos como "empurrar" as algas para produzir mais do que você quer. A produção de algas biodiesel de insaturados em busca de mais eficiência transesterificados lipídios para obtenção de biodiesel.

Selecione suas espécies de lipídios à base de algas que pretende produzir. Selecione seu algas na base dos nutrientes que você deseja usar. O biodiesel de algas exige que você trabalhe em plantio, cultivo, manejo de nutrientes, a colheita, desidratação e secagem das algas como um processo comercial.

Escolha as espécies de algas para biodiesel de acordo com como você ou outras pessoas tentam separar o óleo da biomassa de algas. Muitas empresas e universidades estão a desenvolver técnicas para a separação de óleos que você pode acessar. O mais comum é uma centrífuga.

As algas para biodiesel requer tecnologias comercialmente escaláveis, e tudo começa nos fotobiorreatores algas cultivo de laboratório.

O cultivo de algas para biodiesel requer que todos os inputs e os processos são quantificados e repetível. Trabalhe em suas fotorrégimen regime de nutrientes e para desenvolver seus próprios protocolos.

Limitação de nutrientes, variação de temperatura, mudanças nos níveis de luz e fotoperíodo, pH e outros "estímulo" pode causar uma resposta de algas.

Limitação de nitrogênio tem sido freqüentemente relatado para "induzir" a produção de mais lipídios.

Algas biodiesel é um motor de crescimento rápido de biomassa que pode levar a óleos. A produção de biodiesel de algas tem muitas correntes valiosos. O cultivo de algas para produção de biodiesel visa a "influência" nas algas para a produção de óleos.

A produção de petróleo em algas podem ser "induzido" com as variações dos seus requisitos de produção de ácidos gordos insaturados, mais poli consumir a poluição da água do processo.

Algas para combustíveis de transporte são uma parte importante da grande transição do século 11 para com a sociedade industrial sustentável.

Use kits para crescer fotobiorreatores algas para cultivar e para investigar as algas para a produção de biodiesel. Biodiesel de algas geralmente são "processados" primeiro a remover a oleosidade da biomassa de algas. Os sólidos remanescentes no "press-bolo" são um bom alimento para os animais e das explorações piscícolas.

A torta-Press algas com muitos dos óleos extraídos de biodiesel que sai biomassa manejo nutricional menos oleada-ideal. Loas "óleos" foram extraídos finanças "bolo - presa" mais adequados para a alimentação animal e peixe.

A "torta-barragem" é rico em aminoácidos, proteínas essenciais, antioxidantes, vitaminas e traçar como excelente óleos e peixes alimentação animal. Os óleos extraídos são então processadas por transesterificação para produzir um estábulo, escorregadio biodiesel de algas.

Tecnologia da Água Limpa biodiesel de algas, a tecnologia do biodiesel Produzir Algas limpa a água, produz valioso Alimentação Animal e Pesca, e Algas Biodiesel produz motores diesel utilizados no transporte e para os mercados de energia-produção.

Algas oferecem grandes oportunidades para a produção de óleos (lipídios) por sua alta eficiência inerente, e capacidade de utilizar os resíduos como os nutrientes.

Os pesquisadores e as empresas têm maior compreensão de como para fornecer e controlar a cultura ambiental, como o cultivo de algas kit Fotobiorreactor Algas de hoje, para crescer monoculturas de algas que produzem altos níveis de compostos orgânicos valiosos - selecionado - grande valor para a indústria.

Biocombustíveis e biodiesel para o cultivo de variedades de algas rico em óleos e lipídios-storage é a chave.

Um dos grandes pioneiros da cultura de algas, e pesquisador da fotossíntese foi Otto Warburg (1919), em Berlim, Alemanha. Warburg trabalhou na cultura densa de Chlorella, e muitas outras espécies (taxa). Warburg foi um grande visionário como usar algas reserva de alimentos para a alimentação animal e peixe e de biocombustíveis.

O biodiesel de algas oferece muitas vantagens para os mercados de transporte. Disponíveis em todos os lugares-ambas as unidades populacionais de resíduos orgânicos como nutrientes permitem a produção de biodiesel em todos os países.

O cultivo de algas para biocombustíveis usar o poderoso motor de fotossíntese para produzir industrialmente o que as plantas fazem naturalmente: reciclagem de carbono.

O biodiesel de algas é neutro em carbono. CO_2 Dióxido de carbono na atmosfera é capturada e convertida em proteínas, carboidratos e lipídios (óleos) para o sequestro de carbono usando clorofila-a e outros pigmentos que impulsionam a fotossíntese. O carbono é "reduzido" e que a água é "enferrujado" fixação de carbono nas moléculas da vida

Lipídios Biodiesel de algas utilizadas para transesterificação e biodiesel se torna estável.

O consumo ou queima de biomassa algal orgânica CO_2 óxido compostos reforma que retorna para a atmosfera. O Ciclo de Carbono As algas são Carbono Neutro-No New CO_2.

O mercado de combustíveis para transporte em os EUA é um pouco mais 1800000000000 dólares americanos por dia. As algas para a produção de biodiesel poderia introduzir empregos locais, e uma produção diversificada de combustíveis de biodiesel e neutro segurança econômica e energética de carbono.

Técnicas de algas Cultura - Capítulo Sete

Taxa de cálculos de crescimento:

O cálculo de cultivo de algas é feito com a equação de primeira ordem ". Volume total de células por litro" DCV / dt = UCV, onde u é a "taxa de crescimento específica" e CV é o

- LnCVt1 = u (T1-T2) lnCVt2: quando você integrar no intervalo de tempo entre t1 e t2, a equação é obtida pelo crescimento log-linear.

- Onde CV ln o logaritmo natural do volume de células por litro. Se a cultura de células está crescendo a uma taxa constante de plotagem ln CV dar uma linha reta.

Um método simples para calcular as taxas de crescimento:

Algas, quando introduzida num meio de crescimento da cultura de um inoculo, começar com um "aclimatação," onde as taxas de crescimento são inicialmente inibidas. As células de algas são "choqueadas" Ao entrar em um novo ambiente, e esse é o período de aclimatação, que ocorre às vezes durante vários dias para muitos dias, com uma nova cultura em um novo meio de crescimento.

O crescimento de algas, após um período de aclimatação, entra numa "fase de crescimento exponencial," onde a população multiplica-se rapidamente, com um aumento na taxa de crescimento. Esta fase de crescimento exponencial é o lugar onde os pesquisadores a encontrar as suas condições ideais.

Durante a fase de crescimento exponencial é a "taxa de crescimento" em células por unidade de tempo é proporcional à quantidade presente no início das células unitárias de tempo. O crescimento da população de algas é a seguinte equação: $dn / dt = Rn$. A solução desta equação é bem conhecido: $N(1) = N(0)$ e a temperatura ambiente.

A população inicial das algas é medida $N(o)$, no momento da inicialização $(T1)$, então a população de algas $N(1)$ é medida no final do seu período. O número N (t) - é o que você produziu, é igual a N (o), com o que começou, com uma taxa de crescimento (r) no período de tempo (t).

Depois de ter medido N (o) e N (1), durante o período de tempo T é resolvido para a taxa de crescimento relativo (r).

Após a fase de crescimento exponencial, nutrientes disponíveis, ou outros fatores de grande interesse para os pesquisadores, são "limitada" e baixa taxa de crescimento pára abruptamente ou de repente. Se novos nutrientes são fornecidos, em seguida, cai em rápido crescimento de algas em um acidente.

Um biólogo disse uma vez que "os sistemas biológicos, quando estimulado, ou adaptar ou morrer." Isto é verdade com o cultivo de algas. No início pioneiro algas produtor disse: "O crescimento é limitado por aquilo que é mais necessário" - Blackman (1905).

As taxas de crescimento de algas, não são as mesmas que a biomassa de acumulação.

As taxas de crescimento falar sobre o número de divisões celulares. A Algae Biomass está em causa "massa total" em termos de massa seca de algas presentes nos horários de início e fim do período que estudamos.

O rendimento de algas é determinada medindo o inoculante massa seca no início da cultura de algas, e medindo a massa seca do final do período de cultura. O crescimento equilibrado e desequilibrado de cultura de algas é determinado pelo Estado - e - fase

Crescimento de algas que ocorre na sua fotobioreactor.

A taxa específica de crescimento é uma "taxa de variação" de biomassa e é determinada pela magnitude do processo "anabólico" (fotossíntese) e processa "catabólico" (respiração): L = PR, onde L é o " taxa de crescimento específico "e P R é a fotossíntese e respiração.

A irradiação solar diária ciclo produz um "desequilíbrio" Jornal da fotossíntese em relação a respiração. Isso garante que o crescimento "desequilibrado" é um grande "mecanismo gatilleo" no crescimento de algas.

Espécies de algas são muito marcado por sua capacidade de "aclimatar" com as condições de seu ambiente. Esta característica é explorada por produtores de algas, por condições de repetir todos os dias, como algas "treinamento." Algas taxa respondem saídas mais previsíveis.

As algas são ciclo de crescimento tradicional de 5 etapas. Eles são o ponto de aclimatação compensação, o crescimento exponencial, saturação e colapso (se não acrescentar nada mais).

Estes cinco estágios de crescimento são uma curva clássico.

Aclimatação ocorre quando o meio de cultura inoculado com uma pequena quantidade de espécies puras. Compensação ocorre quando a fotossíntese excede a energia exigida pela célula para a respiração e reprodução.

O crescimento exponencial ocorre em torno do tempo em que todas as algas disponíveis consumir todos os nutrientes disponíveis. Esta fase é de grande interesse para os pesquisadores em algas. À medida que o ponto de saturação máxima ocorre quando a taxa de crescimento é obtida diminui. A fase final é o colapso. Quanto nutrientes as células estão esgotados de micro algas começam a morrer, geralmente começam a desaparecer.

Manipulando células limitando certas variáveis (normalmente nutrientes) você pode "treinar" suas algas para responder a diferentes estímulos.

Early works em Algas Cultivo

O Grower Pioneer Algas, Otto Warburg (1931), ganhou o Prêmio Nobel em investigações pela explicação de fotossíntese aeróbica, descrevendo caminhos respiratórios, usando as espécies de algas Chlorella verdes. Warburg é um herói no campo de Ficologia.

O crescimento de algas e culturas de microalgas através de métodos laboratoriais, está enraizada em técnicas desenvolvidas no final de 1800 e início de 1900.

A mais antiga história da humanidade algas provavelmente começou com o homem paleolítico naturalmente olhou algas colheita em lagoas e poças de marés. Sol-algas secas poderiam ser adicionadas aos nutrientes vitais e considerado em receitas antigas e especiarias.

Cultivo de algas marinhas na era moderna começou em 1950, na baía de Tóquio, e continua até hoje no Japão, e em todo o mundo. Os recentes avanços nos métodos de cultivo de algas mudou-se para o cultivo algas (algacultura) em mercados de rápido crescimento de aminoácidos, proteínas, antioxidantes, rico em Omega-3, lipídios e outras moléculas orgânicas.

As algas estão se tornando a opção de reserva de alimentos para fornecer cosméticos, nutracêuticos, aquicultura e biodiesel

Ferdinand Cohn (1850), o fundador da bacteriologia, o pai manteve com sucesso e escreveu Sobre flagelados unicelulares de Chlorophyae - Haematococcus pluvialis em seu laboratório em Wroclaw, na Polônia. As algas Haematococcus pluvialis é valiosa para a sua produção de astaxantina.

Famintzin (cerca de 1871), São Petersburgo, Rússia descreveu seus tratados Sobre o crescimento de algas em uma solução de vários sais orgânicos dissolvidos.

Muitos crescimento de algas são realizadas utilizando um ciclo de fotoperíodo de 12 horas de luz e 12 horas sem. No entanto, o alongamento ou encurtamento que a taxa tem um impacto sobre a fisiologia das células e sua resposta. Se as "horas de sol" aumenta a algas reconhece que o verão está chegando e aumenta a sua resposta fotossintética. Se as "horas de sol" algas encurtar o tempo de reconhecer que o inverno está chegando" e produzir mais lipídios.

As técnicas de cultivo incluem inoculação seu meio de cultura, medindo o início de massa, bem como o estabelecimento do fotoperíodo.

Meça todos os macro e micro nutrientes, íons metálicos, vitaminas, e o volume de massa de CO_2 transferido e O_2 a partir de seu sistema. Medindo sua massa final, através do T1-T2, Tempo permite calcular a sua taxa de crescimento.

Capítulo Oito - Perguntas e Respostas sobre Fotobiorreactores Frequentes.

Pergunta: O que é um Fotobiorreactor?

Um Fotobiorreactor (FBR) é um bioreator estimulada por fontes de luz.

Normalmente esta fonte de luz produz energia dos fótons de radiação fotossinteticamente ativa (PAR) na faixa de comprimento de onda de 400 nm a 700 nm.

A photobioreactor inclui recipientes básicos de crescimento óptico, entradas de ventilação, aberturas de saída, filtros de bactérias, fontes de luz, a luz Timer, mecânica e estrutura.

Pergunta: O que são algas que crescem Kits?

Um Kit cultivo de algas Fotobiorreactor é um FBR totalmente equipada você participar. Estes kits incluem uma estrutura mecânica e sistema de luz produz uma nominal 200 luz micro-moles/m2/seg RFA.

Os kits incluem um temporizador Difícil FBR e sistema de energia para controlar seu fotoperíodo (geralmente 12 horas de luz e 12 horas de escuro) e ficha de alimentação fundida. Os Kits FBR incluem um sistema pneumático de dois (2) Bombas de ar d, Quatro (4) válvulas de retenção e Quatro (4) filtros biológicos (0,22 mícrons) para remover as bactérias do sistema de ventilação antes de entrar nos recipientes Crescer quatro (4) tubos de vidro Pyrex para aeração em recipientes de crescimento.

Pergunta: Por que construir um FBR kit?

Você pode obter o seu próprio material e construir seu próprio FBR kit. FBR Este kit contém todos os equipamentos de laboratório básicas que você precisa para o cultivo de algas taxa em um ambiente controlado, com baixo custo de capital.

O mercado da classe comercial FBR, normalmente são caros e oferecer algumas novas funcionalidades e recursos que não são essenciais, como o sistema de aquisição de dados, se você usar as técnicas da "velha escola", tais como testes de titulação.

Pergunta: Eu atrás, a escala de um FBR Kit pode?

Sim Kits FBR é escalável em capacidade, simplesmente adicionando mais. Cada kit tem uma pegada de 8 metros quadrados (0.743 m2) e uma capacidade de 80 litros. Para conseguir utilizar a capacidade de vários kits maiores FBR. Se você precisa de 800 litros de capacidade de crescimento de algas usar 10 Kits.

Exemplo de Grande Escala: (Nota: FBR kits são apenas para uso interno, este exemplo assume espaço apropriado dentro do trabalho).

Acrid estende aproximadamente 43.559 pés quadrados (4.051 m2). Com espaço para a separação, (70% do uso de líquido) entre FBRs, você pode instalar 3.812 kits photobioreactor X-80 Modelo Kits PBR para uma capacidade de produção de 304,960 litros. Algas Biomassa Colheita com nutrientes, água e qualidade do ar bem gerido e em operações in situ, pode estar em uma gama de acordo com as habilidades e DELAS espécie.

Por exemplo, (o resultado pode variar, mas esta é apenas para fins ilustrativos) A Chlorophyta pode ser colhido um grama por litro em culturas bem geridas. (Concentrações substancialmente mais elevadas são relatados na literatura a este respeito).

Um ciclo de crescimento de uma grama / litro / poderia produzir uma biomassa de algas em bruto (peso seco) de 304,960 g (304 kg) / acre / ciclo de crescimento. Usando 25 dias / mês em que a taxa de retorno obtida por exemplo, 7.600 kg por mês (91.200 kg / ano) de algas biomassa.

A viabilidade comercial de qualquer cultivo de algas sistema em larga escala requer uma equipe de pessoas para o controle, gestão e administração do processo de cultivo, nutrientes adequados, as entradas de água (e CO_2 opcional), e equipamentos para o processamento de colheita das algas, de desidratação e de secagem. Se você gostaria de explorar os custos em larga escala entre em contato com nossos escritórios.

Pergunta: Quanta biomassa pode crescer com FBR Kit?

O biólogo Inglês Blackman, na virada do século 20, disse que a fotossíntese é limitado pelo que é processo necessário." As taxas de crescimento dependem de quão bem você ter equilibrado todos os fatores, incluindo os nutrientes necessários (macro e micro), íons e vitaminas dissolvido.

Os comprimentos de onda e intensidades de luz RFA, com influência do fotoperíodo selecionado cultivo de algas. A saúde do inoculo quando começar, a gestão e a transferência de massa de CO_2 da atmosfera durante o crescimento (de arejamento durante a respiração celular) como CO_2 e O_2 dissolvido, e o pH do meio de cultura durante todo o período de crescimento irá ditar o resultado de sua cultura.

O crescimento da biomassa algal (massa seca) de 1 grama / litro por ciclo é repetitivo, mas pode variar maiores ou menores dependendo de suas habilidades, o grupo taxonômico e equilíbrio dos parâmetros do sistema, como a temperatura, o pH e a mistura seleccionada de nutrientes. Para FBR relatado rendimentos estão na gama de 5 a 10 gramas / litro.

Seus resultados dependem do seu meio, o grupo taxonômico, a luz RFA, fotoperíodo e habilidades. Você pode conseguir uma figura repetida de 3-4 gramas / litro com este equipamento.

Pergunta: Quanta luz produz o kit FBR?

Kit photobioreactor (FBR) inclui dois (2) estruturas T8 luz fluorescente reator de alta eficiência. Quatro (4) tubos de alta eficiência T8 com potência espectral de 6500K estão incluídas no kit. Você pode substituir os tubos com diferentes perfis espectrais facilmente usando tamanho T8.

O nível de potência nominal é de 200 micro moles de luz RFA fotones/m2/Segundo que pode ser ajustado, mais ou menos, a partir de segmentos diferentes ou suspendendo a luz em diferentes alturas, por uma suspensão de cadeia está incluído. As lâmpadas ou tubos são classificados para 20.000 horas de uso.

Pergunta: Quanto tempo leva FBR montar o kit?

Kits FBR são fáceis de montar e relativamente rápido. A montagem de um kit completo leva cerca de duas horas, se você ir devagar e com firmeza. Nota: quando você está pronto para desmontar as conexões inocular os recipientes de cultura e usar Sanitarizador (100% não tóxico), seguindo as instruções que se evapora e deixa a superfície de trabalho pronto para uma conexão rápida, e então você está pronto para inocular a estirpe de partida.

Pergunta: O que está incluído no sistema pneumático do Kits FBR?

FBR kits incluem uma bomba de alta eficiência do sistema de aeração, que consiste em duas (2) bombas de ar, quatro (4) válvulas de retenção, quatro (4) de 0,22 micron, filtros bacterianos (um para cada recipiente de cultura) com vinte e dois (22") polegadas (0,559 m) de plástico tubo de alimentação grau PBR e acessórios atóxico, e quatro (4) tubos de pirex de vidro para aeração em recipientes de crescimento, como na Tabela de partidos no **Capítulo Três**.

Pergunta: Como controlar a temperatura?

Estes kits são projetados para FBR algas para uso interno. Para controlar a temperatura do seu crescente recipientes photobioreactor você pode controlar a temperatura ambiente do laboratório ou pode adicionar elementos de aquecimento, como pratos quentes que você pode começar localmente. Muitas algas crescem a níveis de temperatura de cerca de 20 graus C.

Pergunta: Como posso colher o Fotobiorreactores?

Cada recipiente de vidro para o crescimento, 20 ou 25 litros (O kit contém 4 navios) vem equipado com fichas especiais de liberação fácil. (Use o plástico de qualidade alimentar 100% não tóxico).

Quando você quiser acessar seus recipientes de cultura, quer carregar seu meio de cultura por amostragem ou colheita, retire a ficha e inserir o seu copo pipeta ou outro utensílio para bombear ou realizar a remoção manual de cultivo. Substitua a vela quando terminar a extração. Não desligue as bombas de ar. Podem funcionar 24/7

Pergunta: Como posso sacudir as culturas?

Estrutura mecânica incluído no projeto kit FBR permite fácil acesso a todos os componentes. Kit T ele Mecânica Framing PBR incluído no design, Permite o acesso fácil a todos os componentes.

Com o mesmo cuidado nas conexões pneumáticas que vêm de bombas de ar, você pode facilmente contentores "spin" dando manualmente as algas suave, mas os contentores fechados bom movimento tremendo.

Pergunta: Eu preciso de ferramentas especiais para montar kits FBR?

Ferramentas Não. corte, Fita Métrica, Tesouras e luvas de plástico (recomendado). Depois de ter montado a estrutura, você pode ir se juntar partes com cola de PVC obtidas localmente.

Capítulo Nove - Guia Rápido para a construção de um Fotobioreactor

Kits para o cultivo de algas Fotobiorreactor são projetados para pesquisadores da área, que desejam realizar experimentos, e os equipamentos necessários para crescer monoculturas de algas.

Use fotobiorreatores FBR cultura de algas para criar a fotossíntese das algas controlada e campos para as suas proteínas incríveis e valiosos, aminoácidos, lipídios e antioxidantes, vitaminas e outros compostos surpreendentes. Kits para cultivo de algas Fotobiorreactor 80 litros são projetados para desenvolver e monoculturas de colheita de algas presentes em sua água.

Primeiro Passo: Montar a estrutura de tubo de PVC que você disponíveis em lojas locais. Corte comprimentos conforme descrito no Capítulo Três.

Segundo Passo: Montar os recipientes de vidro em crescimento com 2 fichas Hole (plástico do produto comestível 100% não tóxico). Num dos orifícios, deslizar de um tubo de vidro (4 mm) para perto da parte inferior do recipiente de vidro, deixando duas polegadas (51 mm) acima da tampa. Esta é a entrada de ar do tubo de vidro. No final das outras curvas furo de inserção Pascal estendem-los para a base da tampa. Esta válvula é o "output" liberando a pressão do ar interno e fornecer uma pressão constante.

Curvas Pasteur impedir que as bactérias do desenho do recipiente.

Terceiro Passo: Montar as bombas de ar. Você vai usar as duas bombas de ar, obtidos em uma loja de aquário, com uma divisão e duas "válvulas de retenção." Você bombear ar em duas embalagens Crescimento com uma bomba. Uma vez que cada bomba, e antes de cada recipiente, coloque em válvula de retenção de linha, e cada recipiente antes de colocar um filtro bacteriano 0,22 um. Isto irá eliminar qualquer bactéria ou direto do ar de entrada.

Passo Quatro: Conectar usando linha de produto comestível 100% não-tóxico para o filtro bacteriano tubo de admissão de ar em um dos plug buraco. O comprimento do tubo de plástico é de cerca de 22 "(0,559 m).

O ar agora é bombeado a partir de uma bomba através de um espaçador para ir crescendo os recipientes. Cada "para" da bomba "stripper de" ter uma válvula de retenção e filtro bacteriano. Com o tubo, como foi descrito acima, conecte a parte dos seus fluxos de bactérias até a entrada da linha de ar em um plugue Filtro Hole.

Quinto passo: Junte-se fluorescentes Suportes Luz, e coloque em cima da estrutura mecânica. Ligue as unidades de luz a um filtro de linha, um temporizador e finalmente ligar o último à tomada na parede.

Sexto passo: Retire os tubos e vidro e mergulhe no esterilizador (tipo evaporativo) antes de carregar os recipientes com meio de cultura, e Lactobacilos.

Isso tem um photobioreactor você pode construí-lo sozinho. Cultive algas para o lucro, crescendo espécies altamente valiosos.